BRIGITTE RAUTH-WIDMANN

Tout ce que mon chat veut dire

MIMIQUES - SONS - LANGAGE CORPOREL

MARABOUT

SOMMAIRE

Devenez un expert en trois étapes

1RE ÉTAPE
Généralités

Les chapitres commencent par une synthèse des notions essentielles, avec des renvois aux pages contenant des informations détaillées.

2^E ÉTAPE
Tout ce qu'il faut savoir

Les doubles pages proposent des informations complémentaires sur les différents thèmes. Le lecteur les consulte, ou retourne aux Généralités pour passer au thème suivant.

3^E ÉTAPE
Tout ce qui peut vous intéresser

Ces pages vont plus dans le détail. Les lire n'est pas une obligation. Elles sont juste là pour éveiller la curiosité et donner envie d'aller plus loin.

LE LANGAGE DES CHATS

Généralités

Tout ce qu'il faut savoir

Tout ce qui peut vous intéresser

POUR LES ENFANTS

... RE ET SE FAIRE COMPRENDRE

...uage
...ats

Le chat typique

P. 8

Empathie et ronrons

Le chat n'en fait qu'à sa tête, il est autonome et pourtant nous écoute, il nous fait partager sa vie et cherche même l'intimité – et pas seulement quand il a envie d'un câlin ou de ses croquettes.

P. 10

Un bon vivant

Le chat dort longtemps et rêve beaucoup, mais sait aussi prendre la vie du bon côté. On peut le regarder s'étirer, faire sa toilette ou se chauffer au soleil pendant des heures.

Les sens

Qu'il écoute, regarde, tâte, flaire, goûte ou joue les équilibristes, le chat a toujours une longueur d'avance sur nous. Il entend des sons bien plus aigus et graves que nous, et voit nettement mieux dans le noir – surtout les mouvements.

Le chat professeur de langue

Pour comprendre tout ce que nos chats « racontent » et bien répondre, nous devons d'abord étudier leur langage et leur « vocabulaire ». Le miaulement et ses nuances, par exemple, s'adressent surtout aux humains.

LE LEXIQUE
DU LANGAGE FÉLIN :

12
COMPORTEMENTS
TYPIQUES

Ces créatures énigmatiques

Ces grands individualistes Le chat n'est pas toujours facile à comprendre. Vous avez beau vous donner le plus grand mal pour interpréter le répertoire varié de ses attitudes et chercher ses motivations, ses agissements restent souvent une énigme. Quelle en est la raison ? Nos minous sont avant tout des individualistes. Ce qui plaît à l'un ne convient pas forcément à l'autre. Et ce que l'un tolère avec bonhomie fait enrager son voisin, qui le signifie tout de suite en crachant, et d'un coup de patte.

Une autonomie revendiquée

Mais ce n'est pas tout : nos machines à ronronner sont bien trop astucieuses pour dévoiler les secrets de leur psychisme et nous révéler leurs lubies de félins. Les chats risqueraient d'y perdre leur indépendance, ce qu'ils veulent éviter à tout prix. Cette indépendance est sacrée à leurs yeux. Les humains doivent s'en accommoder, car leur chat trouve bien plus important de vivre sa vie que de leur plaire jour après jour.

L'appel de la liberté Tout petits, les chatons veulent déjà voir le monde – si on les laisse faire.

Frotter la tête C'est pour ces gros câlins – dont ils ont l'initiative – que nous les aimons.

Les petits épicuriens

Nos petits félins, lorsqu'ils ont envie de tendresse, d'un massage ou d'un dîner fin – peut-être un foie de thon préparé par vos soins –, peuvent se révéler tout à fait charmants. Que faire sinon leur donner satisfaction sans attendre ? Apparemment, nous nous comprenons, du moins sur ces points.

Les motifs de discorde

Si les chats tolèrent les humains et sont prêts à « discuter » avec nous, ces avantages en sont peut-être la seule raison. En effet, bien connaître nos habitudes, les interpréter et retenir ce qui provoque un refus exigent une grande attention de leur part, d'autant plus qu'ils ont des priorités tout à fait différentes et perçoivent le monde tout autrement. Il suffit de penser aux capacités de leurs organes sensoriels, qui n'ont rien à voir avec les nôtres. En fin de compte, ont-ils vraiment besoin de notre compagnie ?

Le miaulement, un vrai langage

Pour quelle autre raison nos petits compagnons auraient-ils inventé un vocabulaire aussi diversifié pour vivre avec nous ? Le miaulement et ses nombreux sens s'adressent surtout aux humains. Pour discuter avec leurs congénères, les chats utilisent des sons complètement différents.

L'amour félin

Pour vivre en bons termes avec eux, déchiffrer leur langage n'est qu'un aspect parmi d'autres. Nous devons aussi comprendre sincèrement notre tigre d'appartement, ses spécificités et ses comportements, qui sont propres aux petits félins. Il ne sert à rien d'être horrifié tous les matins par les cadavres de souris qu'ils déposent devant la porte de la maison. Les chats sont des prédateurs, ils sont autonomes, indépendants et soucieux de leur bien-être – et c'est ce qui guide leurs actes. Nous devons l'accepter, sans jamais leur en vouloir.

Le sommeil des chats

Bonnets de nuit et gros dormeurs Lorsqu'il s'agit de dormir, les chats sont champions du monde. Ils consacrent à cette activité dans les seize heures par jour. S'il fait chaud, si le couffin est confortable, l'estomac rempli et si l'animal se sent en sécurité et protégé, il peut sommeiller encore plus longtemps, jusqu'à vingt heures quotidiennement. Comptez deux heures de plus pour les nouveau-nés et les ancêtres. Mais cette période est de courte durée chez les chatons, qui dès quatre semaines adoptent le rythme des adultes.

De grands rêveurs

Non seulement les chats dorment longtemps, mais il semble qu'ils rêvent beaucoup. Leur sommeil paradoxal – celui des rêves – dure jusqu'à trois heures par jour. Toutes les vingt-cinq minutes, le sommeil léger cède la place à des phases où les petits félins dorment si profondément qu'ils ne peuvent à peu près plus bouger. Bien que leurs muscles soient détendus, les pattes, les moustaches et souvent aussi le bout de la queue sont agités de mouvements saccadés. Le nez aussi semble parfois renifler avec enthousiasme.

Dors bien Pendant son sommeil, le chaton fait le plein d'hormones de croissance.

Sieste Les chats sont des animaux nocturnes, mais ils calent leur rythme d'éveil et de sommeil sur celui de leur maître.

De plus, les yeux de l'animal s'agitent en tous sens, ce qui se voit bien, même sous ses paupières fermées – sans compter ses membranes nictitantes, ses « troisièmes paupières ». Ces mouvements rapides et caractéristiques du globe oculaire (*rapid eye movements*, REM) ont valu à ces phases de rêve le nom de sommeil REM (ou paradoxal) – chez le chat comme chez l'homme.

Les émotions fortes

Même si le chat est immobile quand il dort, son cerveau fonctionne à plein régime – il faut bien assimiler toutes les sensations vécues ! Il est intéressant de noter que ces phases de rêve semblent particulièrement animées quand elles succèdent à des périodes d'activité très turbulentes pour le minou. C'est du moins ce qu'indiquent les spasmes plus violents du visage et des pattes, mais aussi les mouvements très prononcés du globe oculaire. Nous ne saurons rien de ces rêves.

Le sens du confort

Un chat peut faire une petite sieste en tout lieu. S'il a l'intention de dormir vraiment, il préfère s'installer dans un coin chaud et protégé. D'une part, il pourra mettre en veilleuse ses organes

sensoriels sans trop de risques ; d'autre part, la chaleur réduit les problèmes de régulation de sa température, qui s'abaisse pendant le sommeil profond. La position du chat assoupi dépend de la température ambiante. S'il fait dans les 10 °C, il s'enroule sur lui-même et cache sa tête sous son corps. Dès qu'il fait un peu plus chaud, il se déroule et, à 20 °C, il est allongé. Il dort parfois sur le dos, les pattes en l'air.

Le chat se lève du bon pied

Une fois réveillé, le chat s'étire, ce qui fait le plus grand bien à sa musculature et relance la circulation sanguine. Il tend les pattes antérieures en avant, fait le gros dos, relève l'arrière-train et étire les pattes postérieures avec volupté. Souvent il bâille, puis fait sa toilette, qui se réduit parfois à une patte sur le museau. Les chats bâillent en d'autres occasions, quand ils sont incertains ou indécis. C'est un moyen de chasser le stress.

 **001**

Fais de beaux rêves
Observez ici les positions du chat endormi et au repos.

La vérité sur la toilette des chats

Une toilette minutieuse

Est-ce que tu t'es déjà demandé pourquoi on parle de « toilette de chat » ? Celui qui a inventé cette expression n'a sûrement jamais bien observé un chat. Le chat consacre au contraire énormément d'attention et de temps à son hygiène.

❶ Plusieurs fois par jour

Une fois levés, les chats ne se contentent pas d'un gant de toilette vite passé sur la frimousse. Ils sont très méticuleux pour leur toilette quotidienne – ou, plus précisément, leurs toilettes. En effet, ils la reprennent à plusieurs reprises et – des chercheurs l'ont vérifié – y consacrent deux heures par jour. Cela n'a donc rien à voir avec ce qu'on appelle une « toilette de chat ».

❷ Contre le stress : se débarbouiller

Les chats se grattent, se lèchent et se mordillent quand ils sont perplexes. En fait, ces gestes font baisser la tension, un peu comme nous nous grattons la tête ou nous passons les doigts dans les cheveux. Ces accès de propreté, des « activités de déplacement » pour les psys, n'étant que de courte durée et très superficiels, on a décrété que les chats négligeaient les soins corporels.

002 **La vraie toilette** Le chat se nettoie, se lèche et se mordille jusqu'à ce que sa fourrure reluise.

Gant de toilette et brosse ❸

Regarde comme ton chat fait sa toilette consciencieusement. Tu te rendras vite compte qu'il y apporte le plus grand soin et n'oublie à peu près aucun endroit du corps. Pour une propreté parfaite, il se sert de sa langue, de ses griffes et de ses incisives. Il se donne un mal fou, en se tournant dans tous les sens : c'est un vrai numéro de contorsionniste.

Des chats bien léchés ❹

Le chaton se met vite au travail : dès trois semaines, il apprend à entretenir sa fourrure et, à six semaines, il maîtrise parfaitement l'opération.

La perception de l'environnement

Une ouïe remarquable Les chats entendent des sons nettement plus graves et plus aigus que nous (jusque dans le domaine des ultrasons) et les distinguent bien mieux les uns des autres. Leurs oreilles, en effet, sont spécialisées dans la perception d'écarts minimes de hauteur de son et de puissance sonore, et cela même sur de grandes distances. Les pavillons surdimensionnés de leurs oreilles repèrent sans erreur la source sonore et sont bien plus précis que les nôtres sur ce point. Ces marcheurs silencieux reconnaissent les fonds sonores ou les sonorités avec une précision incomparable, même au milieu d'une cacophonie ou d'un vacarme. Il n'y a donc rien d'étonnant à ce qu'ils décèlent si bien notre humeur à notre intonation.

Verticale Ces pupilles en « I » typiques des chats, sont une réaction à une forte luminosité, à la tension ou à la concentration.

La tension et l'attente – mais aussi l'obscurité – donnent aux pupilles cette forme ovale.

Que la lumière soit Les chats dilatent leurs pupilles pour mieux exploiter la luminosité.

Les yeux des chats

Pour la vue, les chats nous battent largement une fois de plus. Leurs yeux sont bien plus sensibles à la lumière et aux mouvements que les nôtres. Cela dit, ils voient moins bien les contours et les couleurs que nous et ne perçoivent pas les profondeurs aussi parfaitement. Bref, ils ne voient pas si bien en trois dimensions, mais cela leur est égal. Outre leur vue et leur ouïe, ils se fient à leur nez sensible, aux capacités fantastiques de leurs poils tactiles et à leur sens inégalé de l'équilibre.

Appareil sensoriel et communication

L'appareil sensoriel des chats, qui leur rend des services inappréciables, leur sert par ailleurs à communiquer avec leurs congénères. Pendant qu'un chat repère un son, ses oreilles extrêmement mobiles n'arrêtent pas de bouger, prenant des positions caractéristiques.

Ces réactions font comprendre aux autres matous ce qu'il observe, pourquoi cela l'intéresse et si cela vaut la peine d'aller y jeter un coup d'œil. Si nous étudions notre chat, nous aussi nous pouvons découvrir ses intentions d'après les positions et les mouvements de ses oreilles, de ses vibrisses et de sa tête, et la dilatation ou non de ses pupilles.

Des outils pour mieux les comprendre

Il est certain qu'un humain comprend moins bien les messages de son chat que les autres petits félins. Souvent, les réactions sont trop subtiles et se succèdent trop vite. L'œil humain est dépassé, ce qui rend l'interprétation difficile. Essayez avec un appareil photo numérique. Les prises de vue en accéléré fixent ce que notre œil n'est pas en mesure de voir. On peut également conseiller un Dictaphone, pour mieux mémoriser les sons et les miaulements.

Lexique du langage félin - Comment comprendre un chat

❶ Les acrobaties

Une promenade sur le mur de clôture, un bond rapide dans un arbre et de là un saut d'une grande agilité, malgré la hauteur vertigineuse : c'est un jeu d'enfant pour ces acrobates dotés d'un équilibre exceptionnel.

❷ Les amis

Il est évident que ces animaux se comprennent. Les chats, qui sont bien plus sociables qu'on ne le croit, sont capables d'amitié. Ces deux minets se saluent aimablement et se frottent l'un contre l'autre pour échanger des messages olfactifs.

❸ Chat et chien

Ils ne parlent pas la même langue, mais apprennent à se comprendre, surtout s'ils grandissent ensemble.

À l'attaque ! ④

Un chat à l'affût fait preuve d'une patience d'ange. Mais dès que la proie survient il bondit dessus et l'attrape, toutes griffes déployées. Celui-ci s'entraîne avec un brin d'herbe.

Le partage du travail ⑤

Pendant que le patron est assis à son ordinateur et gagne de quoi payer les croquettes, le chat se charge de la partie décontraction. Il dort beaucoup, en effet, et peut rester des heures tout à fait immobile sur le canapé.

Les messages olfactifs ⑥

Les odeurs ont l'avantage de persister longtemps après le passage d'un matou. Un jet d'urine sert à marquer les frontières du territoire, à dire qui on est et ce qu'on veut sans rencontrer l'autre.

... ça continue ici

C'est à moi ! ❶

Mais l'urine n'est pas le seul truc pour laisser une trace. Les chats frottent leur menton et leurs joues sur tout ce qu'ils estiment important : régions de leur territoire, sièges et êtres humains. Ils transmettent ainsi des odeurs familières, sécrétées par leurs glandes sudoripares. Ensuite, ils reconnaissent bien ces parfums personnels.

C'est moi le plus grand ! ❷

Ce chat paraît plus grand qu'il n'est en réalité. Il se gonfle, en quelque sorte, pour impressionner un adversaire éventuel et prouver que c'est lui, le chef.

Petite explication ❸

Ces deux chats se chamaillent et y vont de bon cœur. Celui qui est sur le dos n'est pas forcément en mauvaise posture : avec ses quatre pattes en l'air, il peut frapper tant qu'il veut.

Ôte-toi de là ! ❹

Attention, humeur massacrante !
Les moustaches sont déployées, les yeux ne sont plus que de minces fentes et les oreilles sont couchées en arrière.
Ce chat ne rigole pas. Qui s'y frotte s'y pique !

La toilette de chat ❺

Elle est bien plus complète qu'on ne le dit. Les chats consacrent un temps fou à leur hygiène corporelle. Ils « lavent » les zones faciles à atteindre, d'un coup de langue, comme avec une brosse à étriller. Pour le reste, ils se lèchent une patte qui sert de gant de toilette.

Carte de visite ❻

Faire ses griffes revient à déclarer : « Je suis passé ici ! » Le chat affûte ses griffes, mais laisse aussi des signaux précis, visuels et odorants. L'odeur des pattes reste dans les sillons et se diffusera longtemps.

Bavards comme des pies

Un vocabulaire très complet Que ce soit sous forme de sons, de mimiques, de frottements, d'attitudes, de mouvements de certaines parties du corps ou d'attitudes successives, accompagnés le plus souvent d'émissions d'odeurs, les chats utilisent un répertoire très riche d'éléments « linguistiques » pour parler, signaler leur humeur et réclamer. Ce langage s'adresse aussi bien à d'autres animaux qu'aux humains.
Il est le fruit de la patience infinie avec laquelle les chats observent les autres créatures – et pas seulement leurs proies.

Des interprètes chevronnés

L'expérience du destinataire a tout autant d'importance que le choix, par le chat, des vocables qu'il utilise et son succès à transmettre ses informations. Les chats habitués aux humains s'expriment bien plus par la voix que ceux qui n'ont pas compris à quel point nous sommes nuls en matière de langage corporel ou de messages olfactifs.
C'est en vivant avec nous qu'ils découvrent l'importance de la parole pour les bipèdes.

Il y a quelque chose pour moi ? Ce chat tranquille observe les environs et réagira peut-être par un « miaou ».

Au secours ! Les nouveau-nés ont déjà des dispositions, mais miauler s'apprend.

On ne se regarde pas L'arrière-train relevé veut en imposer, mais les pattes antérieures reculent. Le chat ne comprend pas ce que dit le chien.

Parle avec les chiens

Lorsqu'un chat rencontre un chien – et a de l'expérience en la matière –, il communique plus par ses mimiques et ses postures, comme avec ses congénères. Il s'exprime bien plus par la voix avec les humains, plus orientés sur le langage, qu'avec les quadrupèdes. Pourtant, les chats et les chiens se trompent régulièrement sur leurs intentions mutuelles. Leurs signaux corporels, comme remuer la queue ou lever une patte, ont chez le chat et le chien des sens diamétralement opposés, ce qui surprend l'interlocuteur dans le meilleur des cas. Avec le temps, ils finissent par se comprendre et vivre en bonne entente.

Les langues étrangères

Les chats s'intéressent bien sûr à ce que nous faisons, mais aussi à ce que nous disons et surtout à notre manière de le dire. Même s'ils ne peuvent pas saisir exactement le sens des mots, ils apprennent à faire le lien entre des sons récurrents (à condition que vous parliez sur le même ton) et une attitude ou un objet particuliers.

Les comportementalistes estiment que les chats sont en mesure de distinguer et de comprendre de 30 à 50 mots. C'est une vraie prouesse pour cet animal accusé d'individualisme, censé ne pas s'intéresser tant que ça à son entourage. Le simple fait qu'un chat essaie de comprendre notre comportement, qui lui est étranger, et même notre langage humain, prouve qu'il a peut-être tendance à être sociable.

« Hiiii ! »

Les chats sont particulièrement sensibles aux mots comportant la voyelle « i », surtout s'ils sont prononcés d'une voix aiguë. Ils réagissent tout de suite à des sifflements et à des cris aigus. Ce qui n'a rien d'étonnant, leur proie favorite, la souris, s'exprimant elle aussi dans cette fréquence. Il accourt quand il entend un click, un son qui peut servir pour lui apprendre les bonnes manières.

 **003** **Chien et chat** Ils s'entendent souvent bien mieux qu'on ne le prétend.

COMPRENDRE

Le comportement des chats

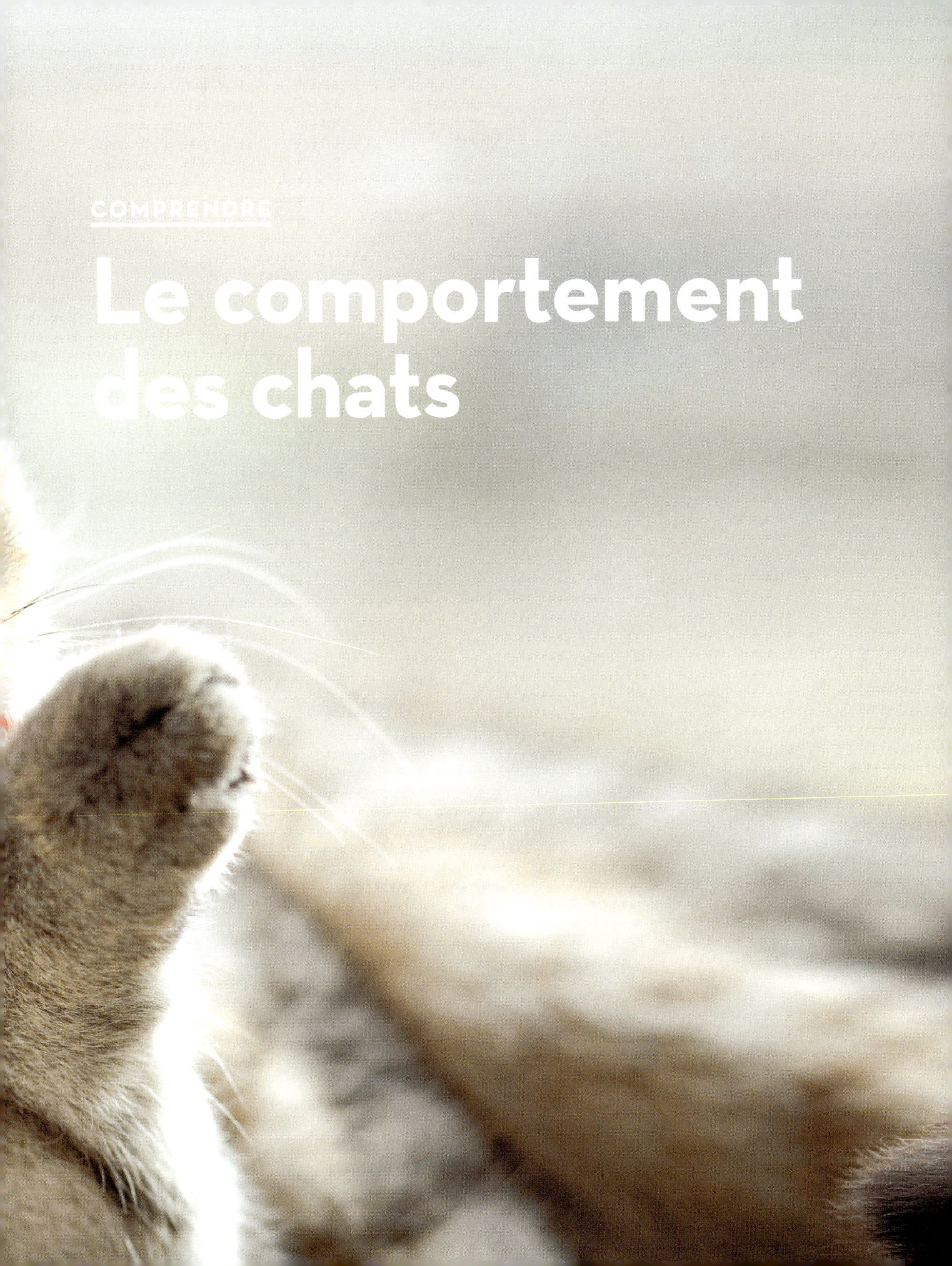

Les signaux des chats

P. 24

Les nuances du miaulement

Ils le font pour nous : les chats ont ceci de merveilleux qu'ils sont capables de parler ce langage que nous aimons tant. Ils n'utilisent pas vraiment des mots, mais modulent leurs miaulements si bien qu'on les comprend sans peine, avec un peu d'expérience.

P. 32

Tu ronronnes ?

On reconnaît même ses propres chats à leur dialecte, d'après les variantes de leur miaulement, mais aussi à leur ronronnement. Les chats peuvent ronronner indéfiniment, dans le calme et en douceur, ou sur un ton agressif, pour revendiquer, selon leur humeur. .

P. 34

P. 44

Le monde des parfums

Les substances odoriférantes sont d'une importance cruciale pour nos petits félins, en particulier lors de leurs échanges. Ils laissent des traces parfumées même quand ils font leurs griffes.

P. 48

Où est cette souris frétillante ?

Pourtant, les chats se fient surtout à leurs yeux. Quand ils chassent, ils utilisent avant tout leur vue ainsi que leur ouïe et le toucher. Les odeurs jouent un moindre rôle.

Renouveler les parfums

Les messages olfactifs, plus permanents que les signaux sonores ou optiques, finissent tout de même par s'estomper. Il faut donc les renouveler à intervalles réguliers. C'est ce qui explique ce besoin évident qu'ont les chats d'échanger des odeurs avec leur environnement le plus souvent possible. Ils cherchent inlassablement à se frotter contre tout ce qu'ils rencontrent, que ce soit la porte, le pied d'une chaise, une haie – voire un ami ou un humain.

Plus de 1 000 mots

Une richesse lexicale innée Contrairement à l'homme, qui se met à parler dès lors qu'il peut reproduire les sons entendus, les chats n'ont pas besoin d'apprendre. Les chatons, muets de naissance, apprennent le langage sonore dans toutes ses nuances sans avoir jamais bénéficié d'un feed-back acoustique.

On suppose qu'ils naissent avec l'aptitude de leur espèce à miauler, à ronronner et à cracher. Ils l'emploient de manière rudimentaire dans les premiers temps, le plus souvent sans but véritable. En tâtonnant, ils finissent par discerner ce qui réussit, en fonction de la situation.

Petit braillard Les chatons apprennent tôt qu'il faut crier fort pour que maman rapplique en vitesse.

Ces miaulements attendrissants

Les chats en bonne santé en font tout autant, quand ils testent nos réactions à leurs miaulements modulés à notre intention, pour voir le résultat. Ces expériences dépendent du lieu, de la circonstance et de la personne. En effet, ces miaulements vous invitent, pour une fois, à faire ce que le chat vous demande. Les adultes utilisent rarement entre eux ces « mi », « miiiihh », « mieeeh », « meeea », « mrrrrau-mrrrrraou », « maraouh », « miaouououou »… ces « miaou » d'une diversité étonnante, qu'il s'agisse de vocalisation, de fréquence ou d'amplitude.

« **MEEA !** » Le miaulement revendicateur.

L'importance de l'intonation

Les nuances du « miaou » sont étonnantes. Le chat module chacune des syllabes, tant en longueur que dans l'intonation, ce qui en modifie le sens. Un chat déçu insiste sur le « a ». Parfois, c'est à cette voyelle que se résume le « miaou ». Souligner le « ou » est presque un signe de désespoir. Le chat supplie. Pour faire comprendre qu'il réclame, il peut répéter ce « ou » à plusieurs reprises, en fermant très lentement la bouche, ce qui prolonge la durée du message. Un chat de bonne humeur fait entendre un « miaou » plus joyeux et plus léger, entrecoupé au besoin d'un ronronnement.

Les ultrasons

Peu d'études se sont penchées sur l'aptitude des chats à s'exprimer dans le domaine des ultrasons. Il est possible que le miaulement muet ne soit pas du tout silencieux mais que notre ouïe très limitée ne puisse tout simplement pas percevoir une si haute fréquence. Vous connaissez sans aucun doute ce miaou muet, entre la demande et la supplication : votre petit chéri tend vers vous sa bouche grande ouverte et la referme, sans avoir émis le moindre son. Si vous vous approchez tout près de lui, vous percevrez au plus un chuchotement. Les chats à l'ouïe si fine entendent tout autre chose. Se pourrait-il qu'ils se parlent beaucoup plus souvent que nous ne le supposons, mais dans le domaine des ultrasons, que nous ne percevons pas ? Quand ils sont près les uns des autres, ce serait un moyen de communication efficace. En effet, les amitiés entre nos petits félins sont bien plus courantes que nous ne le pensons.

Miauler, roucouler, gazouiller, chanter

Le langage du chaton Le miaulement exprime un besoin. Les chats commencent tout petits, pour raconter à leur mère qu'ils ont faim, froid ou ne se sentent pas bien. La chatte, lorsqu'elle entend un « miii » déchirant (qui devient un « miichya » plus impérieux à trois semaines), se précipite et répond « mrrr », une sorte de miaulement roulé. Tout en ronronnant, elle rassure ses petits, les réchauffe, les protège et les nourrit. Les chats harets perdent l'usage de ce type de communication en grandissant. Mais les chats domestiques conservent cette habitude jusqu'à l'âge adulte et vont jusqu'à la compléter et la modifier au contact avec les humains.

Qu'il est mignon ! Ce « miehh » aussi adorable qu'ingénu nous fait fondre.

Je suis tout seul ! Un « miaaouuhh » désespéré et nous nous précipitons.

L'affrontement Les yeux dans les yeux, les oreilles couchées et la moustache agressive, ces machos se disent des amabilités.

Les dialectes des chats

Qu'ils mendient ou se plaignent, les chats ont chacun leur façon de parler. Les uns braillent bien plus fort que les autres, pour réclamer. Les autres entremêlent leur « miaou » de roucoulements, de gazouillis ou de pleurnichements pour bavarder avec leur humain en usant de toutes les nuances possibles et sur un ton amical. Un « graurauraurau » très affectueux nous fait craquer.

Les mots doux

Les chattes roucoulent et gazouillent quand elles retournent vers leur portée. Elles émettent les mêmes sons, mais un peu plus fort, sur le mode d'un trille, pour inviter leurs chatons à les suivre. Quant aux mâles entiers, ils font souvent la cour aux chattes en chaleur en leur tenant des propos galants, et la belle, si le cœur lui en dit, répond sur le même ton. Ce dialogue amoureux peut durer des heures.

Les ténors

Les vocalises des chats mâles, qui n'expriment pas la joie, mais des rivalités territoriales et hiérarchiques, sont un spectacle très impressionnant. Malgré le sérieux de la scène, leur « mauamamama-mauamamama » fait plus penser à des petits qui braillent et réclament leur maman qu'à un affrontement viril. Pourtant, les adversaires ne rient pas. C'est ce que montrent les mimiques et le langage corporel menaçants qui accompagnent leurs grondements. D'ailleurs, le concert n'a pas toujours lieu en présence de la dame de leurs pensées.

Les concerts

De temps en temps ces concerts ont lieu même si les mâles n'ont pas repéré de chatte en chaleur. Cela peut durer une demi-heure, le temps nécessaire pour passer à l'attaque ou, au contraire, pour reculer avec une lenteur qui fait penser à un film au ralenti. Cette seconde solution prévaut en général. Les matous ne tiennent pas trop à se blesser.

Un chat qui sait se faire entendre

T'arrêtes ? Il arrive qu'un bipède maladroit soit confronté à des sons nettement moins plaisants qu'un roucoulement, un gazouillis ou un miaulement. S'il n'a pas prêté attention aux avertissements du chat ou les a ignorés, celui-ci le remet à sa place en feulant ou en grondant.

Feuler

Pour feuler – ou cracher –, le chat fronce le visage comme s'il faisait une grimace, il ouvre à moitié la bouche, rétracte la lèvre supérieure et montre les dents, recourbe la langue jusqu'au palais et exhale vite, en sifflant, pour que son interlocuteur comprenne. C'est inquiétant, non ? La mimique qui accompagne ce numéro peut suffire à tenir à distance l'importun – le chat feule en silence, en quelque sorte. S'il exhale plus fort et retient son souffle plus longtemps, il émet un sifflement inquiétant, qui rappelle celui du serpent. Là, on a encore plus peur. Le chat feule pour faire reculer l'adversaire, pour prévenir qu'il est prêt à se défendre (ou à passer à l'attaque), souvent aussi parce qu'il n'est pas sûr de lui, a peur ou est en colère. Ce stratagème vaut aussi bien pour ses congénères que pour les humains et les chiens.

Une chatte qui crache dit à son petit : « Fais attention, c'est dangereux ! » ou « Qu'est-ce que c'est que ces manières ? » Les frères et sœurs plus âgés et les adultes marmonnent quelquefois avant de corriger un chaton en crachant, pour lui apprendre le respect.

Grogner

Le chat, s'il estime que feuler n'a pas suffi à faire comprendre son mécontentement à son interlocuteur, a d'autres cordes à son arc pour montrer qu'il est prêt à passer à l'attaque : il grogne. Il exhale en émettant un son terrifiant, qui est censé impressionner l'adversaire – et lui donner l'occasion de déguerpir. Si l'autre ne prend pas la fuite, et pour démontrer qu'il est sérieux, le chat tambourine parfois le sol avec une ou deux de ses pattes antérieures.

Gronder

Quand grogner ne suffit pas, le chat sort sa dernière arme de défense « douce » : il gronde, ce qu'il fait la bouche fermée, en relevant juste les commissures des lèvres.

Ce chat fait peur Et pourtant la position des oreilles et des vibrisses n'a rien d'agressif.

Un grondement persistant et soutenu indique que le chat est hors de lui, prêt à attaquer et à faire mal. Finis, les coups de pattes. S'il est vraiment furieux et veut absolument faire fuir l'adversaire (pour protéger son repas, par exemple), le grondement s'intensifie et prend un caractère plus inquiétant : « Laisse-moi tranquille, sinon ça va saigner ! »

Sanglots et hurlements

Si un chat se sent acculé, il peut en informer son vis-à-vis par un sanglot menaçant, sous forme de sons aigus et gutturaux. Il lui arrive de hurler. Les chats crient quand on leur fait mal, si on leur marche dessus par inadvertance (le cri est alors moins violent et plus bref). Les chattes hurlent à la fin de l'accouplement, quand le mâle retire son pénis hérissé de piquants (ce qui, semble-t-il, est très douloureux). Un chat qui repère des intrus sur son territoire exprime sa colère par des sons aigus, qui tiennent plus de l'avertissement que du hurlement.

Le ronronnement

Une façon de dire : « Je t'aime »

Le ronronnement est un bruit incomparable, qui a un effet merveilleusement apaisant (l'anglais *to purr* en rend bien la sonorité). Les tout petits chatons d'une semaine savent déjà ronronner, pendant la tétée, par exemple. Leur mère comprend que tout va bien. Quand elle revient auprès de ses petits, elle ronronne aussi, pour exprimer sa satisfaction. Lors d'une rencontre entre chats adultes, des ronrons plus ou moins forts indiquent leurs intentions pacifiques. Les chatons qui abordent un vieux chat lui adressent souvent un ronron et celui-ci en fait autant quand il s'approche de petits. Pendant le repas ou un jeu, des ronronnements forts signifient plus ou moins : « Je suis content. » Le ronronnement équivaut à un « bonjour » aimable entre chats.

Ils ne le réservent d'ailleurs pas qu'à leurs congénères, mais en font bénéficier aussi les chiens et les lapins.

La douleur

Les chats ronronnent aussi quand ils souffrent, sont blessés ou malades et même en train de mourir. Il est possible que, se sentant en position de faiblesse, ils essaient ainsi d'attendrir un éventuel ennemi, à moins qu'ils ne ronronnent pour se tranquilliser.

Le chat relax

Les humains ne résistent pas, eux non plus, aux chats qui ronronnent. Ceux qui ont élevé des

C'est bien douillet L'amour de la mère et son ronronnement apaisant rassurent le chaton.

Bien protégés Les chatons qui grandissent dans cette ambiance sereine seront des adultes en bonne santé et sûrs d'eux.

Gratte-moi là ! Les caresses sont payées de retour par un ronronnement vibrant.

chats connaissent ce sentiment de bien-être qui les gagne en entendant ce bourdonnement discret. Si votre félin préféré est allongé sur vos genoux et que vous entendez ce bruit à peine perceptible, qui s'amplifie lentement pour finir par faire vibrer tout son corps, votre organisme réagit : votre tension baisse, vous vous détendez et vous vous sentez bien. Aucun autre animal domestique ne produit ces sons émouvants.

L'apprentissage de la vie On ne peut jouer que si on est détendu. Un chat inquiet ne joue pas.

Un léger ronflement a également un effet apaisant, mais ne procure pas la même sensation de bien-être.

Le mécanisme du ronronnement

Le fait d'inhaler ou d'exhaler, de boire, de manger, d'aspirer ou de somnoler n'empêche pas les chats domestiques de ronronner. On ne sait toujours pas trop comment se forme ce son. Plusieurs théories existent, mais aucune n'est vraiment convaincante :
— Le ronronnement résulterait de vibrations de la veine cave.
— Des vibrations des fausses cordes vocales (situées près des cordes vocales) feraient vibrer les bronches et la trachée.
— Des contractions des muscles du larynx en alternance avec le diaphragme en seraient responsables.
Ce qui est sûr, c'est qu'un chat ronronnant détend l'atmosphère, pour lui et ses proches.

Patouner
et frotter la tête

Patouner Patouner est une expression de bien-être et un souvenir d'enfance. Dès que le nouveau-né a attrapé la tétine de sa mère et se met à boire, il pétrit les mamelles avec les pattes de devant, l'une après l'autre, les doigts bien écartés. Il stimule ainsi la montée de lait. Ce comportement revient souvent chez l'adulte. Les chats en usent volontiers avec les humains (surtout quand on les gratte), comme preuve de leur affection et signe de bonheur. Pendant ce pétrissage rythmique, ils ont presque toujours les yeux fermés.

Frotter la tête

Frotter la tête (mais aussi se frotter contre les jambes de l'humain) est un signe de confiance et d'attachement. Les amoureux des chats connaissent bien ce geste : le chat met sa tête dans votre main ou contre votre joue et frotte, en ronronnant voluptueusement et les yeux fermés, son front, ses joues, son menton et ses lèvres contre votre peau. Si vous répondez à ce geste par une caresse (sur le front, les joues, sous le menton, sur le dos jusqu'à la queue), il recommencera tout le temps.

Donne-moi un truc ! Patouner accompagne souvent une requête. Le chat est alors debout.

Automatisme Si les griffes sortent alors que le chat patoune, c'est sans intention de blesser.

Mon humain ! Le chat frotte délibérément contre nous les parties de son corps qui émettent le plus de particules olfactives.

Frôler les jambes

Le chat qui vient vous saluer ou réclame une gourmandise frôle vos jambes, d'abord avec la tête, puis les flancs et finalement avec la queue – qu'il enroule autour de la cheville et du mollet et relève si bien que vous êtes en contact avec la base de la queue. On peut observer chez un chat qui a une grande confiance dans son humain que tout en frottant la tête il lèche ou mordille doucement, avec ses incisives, les doigts, le dos de la main ou l'avant-bras de son bipède. Enfin, son autre grande marque d'affection, le summum, c'est le nez-à-nez.

Un cadeau olfactif

Quand un chat se frotte contre vous avec sa tête ou d'autres parties très précises de son corps, il ne recherche pas juste le plaisir du contact, mais souhaite surtout laisser des traces olfactives. En effet, sa tête et ses flancs, outre des récepteurs tactiles, comportent également des glandes qui sécrètent des odeurs. Ces parfums lui servent à marquer son territoire et tout ce qui s'y trouve, (nouveaux) objets et êtres vivants. Il le fait pour signaler qu'il est chez lui, mais aussi que vous faites partie de son monde. Ce cocktail olfactif familier est pour lui une garantie de sécurité et de confort, chaque fois qu'il le hume.

Mon parfum, ton parfum

Lorsque le chat se frotte avec un tel enthousiasme, il laisse son odeur, mais récolte aussi celle de son maître ou de ses compagnons, sans oublier celle de tous les objets contre lesquels il se frotte. Il porte ainsi sur son corps toutes ces marques olfactives, qu'il peut transmettre quand il fait ses griffes ou inhaler quand il prend soin de sa fourrure. C'est une façon pour lui de resserrer ses liens avec l'être qui lui a fourni ces senteurs.

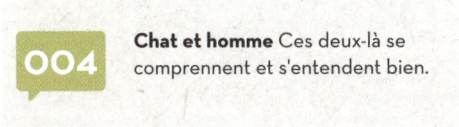

004 **Chat et homme** Ces deux-là se comprennent et s'entendent bien.

Les phéromones
Des odeurs efficaces

Des parfums capiteux Les substances olfactives émises par les glandes situées sur le visage des chats (sur les joues ou le menton, par exemple) et qui leur servent à marquer leur environnement en s'y frottant sont d'une nature particulière. Il ne s'agit pas de ces particules olfactives petites et légères qui à chaque inhalation entrent par le nez, sont transmises aux muqueuses olfactives au fond du nez puis sont converties en odeurs dans le bulbe olfactif. Ces structures moléculaires complexes, très lourdes et non volatiles, les phéromones, sont transportées par une voie complètement différente, que les cellules habituelles du nez du chat ne sont pas en mesure d'interpréter.

Un message pour les chats

Les phéromones sont des substances semblables aux hormones, véhiculant des messages qui ont pour caractéristique de ne fonctionner qu'entre les membres d'une espèce, les seuls à « vraiment les comprendre ». Par conséquent, seuls les chats peuvent produire et interpréter leurs phéromones. Nous ne les sentons pas. Et nous n'avons donc pas la moindre idée des signaux olfactifs « capiteux » qui nous accompagnent après un câlin avec notre fauve de poche. Bien sûr, nous en avons une vague idée quand nous voyons l'intérêt des autres chats pour notre personne et leur envie de se frotter contre nous.

Une drôle de grimace

Si les chats ne sentent pas les phéromones comme les autres substances olfactives avec les organes situés au fond de la cavité nasale, comment s'y prennent-ils ?
Comme les chiens et les chevaux, ils retroussent les lèvres – ils « musent ». Ils possèdent sur leur palais, à la hauteur des incisives, un organe voméronasal dit de « Jacobson », dont les cellules sensorielles captent ces molécules et interprètent le message olfactif. Et ce message est passionnant ! Certaines de ces odeurs rendent les chats complètement fous et les plongent dans l'extase – comme l'herbe à chat. Ils se frottent contre les coussins et les jouets parfumés à l'herbe à chat pour se parfumer des pieds à la tête. D'autres plantes, telles la valériane et la callune, qui contiennent des molécules olfactives comparables, déclenchent la même frénésie.
Détail intéressant : cet organe olfactif particulier

Inspirer à fond Tous les chats musent, les mâles entiers plus souvent et plus fort que les autres.

bénéficie de deux entrées, l'une dans la cavité nasale, l'autre dans la bouche, sur le palais. En d'autres termes, pour obtenir un effet maximal, les substances olfactives doivent être inhalées par le nez, mais aussi et surtout par la bouche du chat. C'est là seulement que ces particules lourdes et chargées d'odeurs pourront se mélanger suffisamment à la salive pour affluer vers les cellules réceptrices.

Muser

Muser, pour un chat, c'est faire le plein de molécules de phéromones dans ses capteurs olfactifs et gustatifs. L'opération peut surprendre : le chat rentre un peu la tête dans le cou, entrouvre la bouche, retrousse la lèvre supérieure, fronce le nez, inspire et, d'une langue tremblante, appuie le mélange d'air et de salive contre son palais – c'est-à-dire juste à l'entrée de l'organe de Jacobson. D'accord, c'est une grimace étrange, mais d'une portée incroyable. Pour le chat, c'est le seul moyen de recevoir toutes les informations transmises par ses congénères, par le biais de ces particules olfactives très spéciales, par exemple sur leur rang social ou leur disponibilité pour l'accouplement. Or il faut apprendre à muser, et les jeunes chatons commencent l'entraînement dès un mois.

Des senteurs enivrantes

Parfum et sexe Les phéromones sont particulièrement efficaces à l'époque des amours, ce qui est compréhensible. Les particules olfactives qui servent à attirer un(e) partenaire jouent indéniablement un rôle essentiel dans le comportement du chat.
Toutefois, les adultes ne sont pas les seuls à pouvoir les sentir.

Des odeurs apaisantes

Les chatons nouveau-nés connaissent bien la « phéromone apaisante » de leur mère, qui les tranquillise et les incite à téter sagement. Juste après la naissance, la chatte sécrète des « phéromones apaisantes du chat » (*cat appeasing pheromone*, CAP) grâce à des glandes situées au milieu du ventre, juste entre les tétines. Les petits peuvent donc les sentir lorsqu'ils tètent. Si la chatte ne produit ces phéromones que le temps d'élever ses petits – tant qu'ils ne sont pas sevrés –, elles ont un effet apaisant sur les chats de tout âge. L'homme a su en tirer parti. Les vétérinaires en parfument leurs cabinets et les éthologues l'emploient également, en particulier pour soigner les chats anxieux. Il y a un certain temps, en effet, que des versions chimiques de CAP sont fabriquées et vendues en sprays.

Le salut

Pour briller en société, les chats ont besoin de réunir le plus possible d'informations sur leurs congénères. Comme le vent ne porte pas les phéromones si intéressantes sur de longues distances, comme d'autres senteurs plus volatiles, les chats doivent se fréquenter pour les percevoir et les analyser.

Ah ! Ce parfum ! Après l'attente et la sérénade, on mordille le cou – et on se dépêche car minette risque de se défendre.

Pour voir comment ils s'y prennent, le mieux est d'observer une rencontre entre deux chats qui se connaissent et s'aiment bien.

Les deux chats appuient leur nez sur celui de l'autre, ils se flairent le nez, la bouche, parfois les joues jusqu'aux oreilles. Quelquefois, on aperçoit un bout de langue et ils se lèchent le visage vite fait. Après ce bref nez-à-nez, ils se frottent l'un contre l'autre, avec la tête, les flancs et la queue. Les salutations durent plus ou moins longtemps, selon qu'ils se sont vus récemment ou non. Si la dernière rencontre remonte à un certain temps, ils prolongent le contact physique – et donc aussi l'échange d'odeurs. Il arrive qu'ils se reniflent ensuite les flancs, en direction de la base de la queue. La région anale n'échappe pas à leur attention.

De vrais amis

Après s'être salués, les deux félins font souvent un bout de chemin ensemble, puis vaquent à leurs occupations ou se couchent l'un contre l'autre pour une petite sieste. Les chats semblent accorder beaucoup d'importance aux contacts physiques. Les bons amis peuvent rester des heures pelotonnés l'un contre l'autre. Les chats se reconnaissent à leur odeur. On suppose que ce sont surtout les sécrétions des glandes de leurs joues et de leur menton qui les renseignent. Toutefois, la région anale détient aussi des informations passionnantes, qu'il convient d'étudier. Pour ce faire, on lève la queue à la verticale.

FAISONS CONNAISSANCE

1. **Pas de deux** Marcher l'un à côté de l'autre
2. **Coucou !** Enrouler les queues
3. **Joue contre joue** Frotter la tête

Le marquage olfactif

Le marquage urinaire Pour échanger leurs parfums et déclarer à leurs congénères : « Ici, c'est chez moi ! » les chats se frottent la tête et les flancs l'un contre l'autre, mais emploient d'autres outils efficaces, leur urine et leurs déjections. Un chat qui arrose, qui marque son territoire, réussit toujours son effet. Les propriétaires de mâles entiers en savent quelque chose.

Bien visé

Le chat renifle soigneusement un endroit qu'il a remarqué, sans doute à cause du cocktail d'odeurs laissé par un congénère.
Ensuite, il se retourne, montre son derrière à la zone parfumée, se dresse et se place juste devant, la queue dressée et agitée de spasmes caractéristiques. Il projette un mince filet d'urine, tout en piétinant avec les pattes arrière.
Les mâles non castrés complètent ce jet par des sécrétions de leurs glandes anales, qui renforcent l'odeur – et que nous sentons très bien au bout de quelques récidives.
En effet, l'urine concentrée de matou et les sécrétions des glandes anales contiennent des quantités de particules olfactives volatiles que notre nez perçoit très bien.

Le journal Ce matou lit attentivement les odeurs sur le tronc, avant d'y ajouter les siennes.

Des messages bien sentis

Les marques olfactives jalonnent le territoire à l'instar de drapeaux multicolores et signalent qui en est le maître. Contrairement à ce que l'on croit habituellement, le marquage urinaire n'est pas réservé aux mâles entiers. Les mâles castrés et les chattes (opérées ou non) arrosent aussi, même s'ils le font moins souvent et en fonction de leur rang dans la société. Apparemment, seuls les animaux dominants éprouvent le besoin de se faire remarquer par ces traces visibles et odorantes.

Plus les chats sont nombreux sur un même territoire, plus ils vont arroser pour le revendiquer. Les chats d'appartement en font autant, quand un autre animal vient y vivre, par exemple, ou si leur cadre familier vient à être perturbé. Après un déménagement, le minou se sent tenu de tout marquer de cette manière. Dans l'esprit d'un chat, chaque nouveau meuble requiert au moins une fois une note parfumée pour être acceptable. Ce comportement n'a rien à voir avec la saleté. Et il subsiste en règle générale après la castration. Celle-ci ne met fin qu'aux marquages d'ordre sexuel, mais pas toujours.

Les déjections comme marquage

Par ailleurs, les chats (surtout les mâles entiers) jalonnent de leurs déjections leurs itinéraires et leurs coins favoris, sur leur territoire. Ils les déposent bien en évidence, sur des mottes de terre et autres proéminences. De telle manière, en tout cas, que tout le monde puisse les voir et surtout les sentir. En effet, enterrer ses déjections (ou son urine) sert à en atténuer l'odeur pénétrante. Apparemment, les animaux dominants sont les seuls à vouloir manifester leur présence de cette manière. Tous les autres, pour dire qu'ils existent, préfèrent des messages plus discrets tels que répandre des phéromones, faire ses griffes (voir p. 36-37 et 44-45) et enfouir ses excréments.

Le mâle typique Les joues gonflées, il fait tout un cirque avant d'arroser.

Transpirer ? Moi ? Quelle idée !

Haleter pour se rafraîchir Les chiens et les oiseaux halètent quand ils ont chaud et les chats en font autant. Pourquoi ? En haletant, c'est-à-dire en inhalant et en exhalant à toute allure, ils rejettent de l'humidité dans l'air ambiant, ce qui leur fait perdre beaucoup de salive, mais évacuer en même temps la chaleur excédentaire. Cette forme d'évaporation a pour effet de faire baisser leur température. Notre petit compagnon doit boire à satiété pour que le halètement soit efficace. Il ne peut pas transpirer pour abaisser sa température, n'ayant tout simplement pas de glandes sudoripares réparties sur son corps.

Quelle chaleur ! Les chats sont bien moins doués que les chiens pour haleter, ce qu'ils font assez rarement.

Enfin à l'ombre ! Pourtant, il ne faut déranger ce chat à aucun prix. Il est sur le qui-vive.

Un peu de fraîcheur Quelle chance d'être aussi souples ! En se léchant, les chats se rafraîchissent.

Un coin au frais

Les chats ne halètent que lorsqu'il fait très chaud dehors et connaissent plusieurs stratégies pour se rafraîchir. Pour éviter les grandes chaleurs, ils restent dans un coin au frais pendant les heures les plus chaudes. Ils se frottent contre la végétation mouillée par la rosée ou se vautrent sur la terre fraîche. Ils se lèchent tout le corps, en mouillant plus particulièrement la fourrure sur leur dos, le ventre et les flancs avec leur salive. L'évaporation qui en résulte les rafraîchit et leur évite de haleter.
Attention : un chat qui halète trop souvent est peut-être gravement malade.

005

Rete mirabile Lisez tout sur le système de refroidissement du chat.

Le réseau admirable

Le réseau admirable ou *rete mirabile* est une invention géniale. Il s'agit d'un réseau de veines et d'artères à la base du cerveau du chat qui évite à ses cellules fragiles de surchauffer, ce qui leur serait fatal. Ce mécanisme de refroidissement est alimenté par des vaisseaux sanguins provenant de la cavité nasale, qui apportent de l'air frais de l'extérieur. Chaque fois qu'il respire ou halète, le chat rejette de la chaleur dans l'air ambiant, ce qui refroidit un peu le sang qui retourne dans le réseau admirable. Les vaisseaux sanguins périphériques (qui irriguent le nez, par exemple) sont parallèles à ceux qui alimentent le réseau et imbriqués dedans. La circulation sanguine se fait dans les deux sens. Cet échange thermique, d'une grande efficacité, suit le principe du contre-courant et le chat garde plus longtemps la tête froide pendant les grosses chaleurs.

Faire ses griffes ou parler avec ses pattes

Une manucure très féline C'est un sujet sensible, quand les meubles et les tentures en font les frais, mais un comportement tout à fait naturel chez les chats. Lorsqu'ils font leurs griffes sur un arbre ou tout autre type de bois, ils aiguisent leurs armes les plus redoutables. Mais ce n'est pas tout. Ils liment leurs griffes et font tomber les couches externes de corne usée qui s'effritent, les taillent à la bonne longueur et en pointe, comme des poignards, et se débarrassent des saletés qui s'accumulent dans les sillons de la face inférieure. L'entretien de leurs griffes leur importe tout autant que les traces visibles et olfactives qu'ils laissent. De leur point de vue, c'est un excellent moyen de communiquer des informations, au même titre que leurs autres stratégies de marquage. C'est une signature à l'intention des autres minous, plus ou moins prononcée selon l'intensité et la durée de l'opération. Plus un chat est sûr de lui, plus les sillons laissés par ses griffes seront profonds. Il fera souvent ses griffes, et là où ça se voit.

Griffes et messages olfactifs

Un chat qui fait ses griffes laisse certes des marques visibles, mais bien d'autres informations. Il transmet un message odorant, par le biais des glandes sudoripares de ses pattes et de ses coussinets. La sueur avec ses composantes odoriférantes ne se répandra pas seulement sur la surface griffée, mais s'écoulera véritablement dans les sillons, où elle subsistera longtemps, pour révéler peu à peu à l'entourage ce que le chat avait à dire. Plus ces sillons sont profonds, plus ils contiennent de sueur et plus les renseignements sur le rang social et l'état physique du chat sont importants.

Il transpire des pieds ?

Les glandes sudoripares s'activent plus ou moins selon l'état d'excitation de l'animal : elles fonctionnent d'autant plus qu'il est excité. Les sécrétions de sueur augmentent également par temps très chaud ou en cas de fièvre.

> **REGARDE BIEN !**
> Les chats aiment bien qu'on les regarde faire leurs griffes. En fait, il apparaît même que la présence de leurs congénères les stimule, comme s'ils voulaient dire : « Regarde ! C'est moi le plus grand ! »

Dans ce cas, le chat fait plutôt ses griffes pour se rafraîchir en transpirant que pour s'exprimer. Pour préserver la souplesse et l'élasticité de ses coussinets, il a toujours les pieds humides. De la sorte, il laisse un message olfactif à chaque pas, partout où il va, à l'intention de ses congénères. Les humains, malgré leur nez fort peu sensible, peuvent sentir l'odeur musquée des coussinets.

Avez-vous déjà reniflé les pattes de votre chat ? Cela ne risque pas de vous faire entrer en transe, comme un chat.

 **Les messages olfactifs** Découvrez ici la nature des messages olfactifs servant aux chats à échanger des nouvelles.

Un petit coup de griffes Surfaces verticales ou horizontales, bois, sisal ou tissus, les chats ne font pas les difficiles.

Ces petits canifs

Ces pattes si fascinantes Ces pattes de velours qui, d'un coup, se transforment en lames pointues et tranchantes… Tous les enfants en connaissent la raison : les chats savent rétracter leurs griffes et les ressortir à la vitesse de l'éclair dès qu'ils en ont besoin.

Pattes de velours ? Ces armes redoutables sont bien cachées dans leurs fourreaux cutanés.

1. Saisir, s'accrocher, tenir. Ça marche !

2. Par chance, les griffes du chaton sont molles et souples.

3. On n'attend pas pour s'entraîner à l'escalade.

Montre-moi tes griffes

Quand le chat sort ses griffes, les articulations des doigts pivotent légèrement, ce qui place les griffes face à leur cible, pour préparer l'attaque. En même temps, les doigts qui s'écartent augmentent la surface de la patte. C'est très avantageux, non seulement pour se défendre d'un coup de patte, mais aussi pour grimper sur un arbre à toute vitesse. Quand le chat rétracte ses griffes, de petits muscles les font rentrer dans des gaines placées au-dessus de l'articulation, si bien que les pointes ne sont pas en contact avec le sol, ce qui finirait par les émousser.

Quand le chat dégaine

Le mécanisme des griffes, qui rend celles du chat si mobiles, est d'une extrême complexité et se déclenche en fonction de la situation (escalade, chasse, défense). Il dépend aussi de l'humeur du matou. Les griffes d'un chat très excité sortent automatiquement et rentrent dès qu'il s'est calmé. Quand vous jouez avec votre chéri ou que vous le câlinez, il peut très bien sortir ses griffes sans prévenir et laisser quelques sillons rouges sur votre peau. C'est une réaction purement instinctive, sans aucune intention de blesser. Il est inutile de lui faire des remontrances, qu'il aurait du mal à comprendre.

Les griffes immatures des chatons

L'interaction subtile entre les tendons et les muscles des pattes n'est pas innée. Ce n'est que vers cinq semaines que les chatons réussissent à rentrer leurs griffes dans les gaines et à les sortir si nécessaire.

Lorsqu'ils malaxent le bar à lait maternel, fort sensible, ils ne le maltraitent pas trop, avec leurs griffes molles et à peine acérées. Pour protéger les voies génitales de la mère, elles sont en effet tout à fait inoffensives à la naissance.

Elles durcissent et sèchent peu à peu, pour parvenir à leur consistance définitive au bout de quelques semaines.

C'est l'usage qui donne aux pointes leur forme de faucille et leur tranchant. Les petits chatons doivent se soumettre à un véritable apprentissage.

47

Les capteurs sensoriels des pattes

Les pattes peuvent-elles entendre ? Les pieds des chats savent faire bien autre chose que griffer et laisser des traces odorantes : ils peuvent « entendre ». Ils ne possèdent pas des récepteurs auditifs sur les pattes comme dans l'oreille interne, bien sûr, mais des terminaisons nerveuses ramifiées, situées sous la peau des coussinets et à la base des griffes. Ce sont les corpuscules de Pacini, et ils sont fort bien étudiés. Ils sont si nombreux et si sensibles aux vibrations que les chats perçoivent les pulsations les plus ténues, par exemple celles provoquées par leurs proies sous la terre. Les informations glanées au niveau des pattes, d'ailleurs, ne sont pas pertinentes juste pour la chasse. Elles sont essentielles pour courir et sauter avec adresse, pour grimper et faire de l'équilibrisme à des hauteurs qui nous affolent ou encore pour attraper une proie sans la rater.

Grimper, tâter, gratter, attraper, pêcher, accrocher.

Ces pattes sont des couteaux suisses très sophistiqués ...

... utilisés un peu pour tout et avec une grande habileté.

La sensibilité des pattes

Vous avez déjà certainement observé votre chat
en train de jouer avec une proie (vivante ou jouet)
et remarqué le jeu étrange de ses pattes, qui ont
l'air de tâtonner d'une façon assez bizarre.
L'explication est la suivante : les capteurs tactiles
des pattes étant très sensibles, ils se fatiguent vite.
C'est pourquoi le chat, après avoir réussi à
enregistrer une première impression, d'un coup,
ne ressent plus rien. Pour percevoir de nouveau
les vibrations et attraper sa proie, il doit réinitialiser
les minuscules capteurs. Et il n'y arrive qu'en
palpant l'objet de sa convoitise, puis en retirant
vite sa patte, pour tâter aussi ou toucher avec
prudence, entre deux coups, le terrain d'où
proviennent ces mouvements infimes.

Coussinets et vibrisses

Le petit coussinet conique situé à la hauteur
de l'articulation des doigts antérieurs,
le coussinet carpien, sert également au toucher.
Les chats en tirent parti surtout quand ils
grimpent ou ont déjà saisi leur proie. Les trois
à six poils tactiles, visibles mais le plus souvent
non pigmentés, sur les pattes avant, juste
au-dessus des pelotes, prouvent à quel point
la sensibilité de cette zone est cruciale pour
le chat, chasseur furtif et grimpeur habile.
Ils captent les vibrations, tout comme les autres
vibrisses. Passez la main dessus et vous verrez !

SONDAGE

1. **Elle vit ?** Tâter avec prudence.
2. **Elle se défend ?** Toucher, attraper.
3. **Regardons de plus près !** Inspection
   par tous les sens.

Vibrisses et poils tactiles

Des poils sensibles Non seulement la peau du chat est très sensible, mais elle est parsemée de capteurs sensitifs au niveau des follicules des poils – et il en compte des millions. Le plus infime de ses poils est entouré de fibres nerveuses à sa racine qui en font un capteur tactile.

Vibrisses et poils tactiles

Les poils tactiles du visage sont d'une sensibilité remarquable. Les vibrisses se déploient en éventail autour du nez, de la bouche, et d'autres poils tactiles sont disposés autour des yeux, sur les joues, le front et le menton, ainsi qu'au-dessus des coussinets. Tout le corps du chat en est recouvert. À la naissance, cet arsenal est fort bien développé, ce qui prouve son importance dès le plus jeune âge.

Les poils tactiles

Ces poils améliorés, répartis sur tout le corps, sont plus longs, plus raides et s'insèrent plus profondément sous la peau que les autres poils. Leur follicule est particulièrement bien innervé, ce qui les rend si sensibles. Par ailleurs, une poche remplie de sang, située à la base de chacun de ces poils tactiles (ce qui n'est pas le cas des

En tous sens Les moustaches du chat sont d'une mobilité extrême, de la racine à la pointe.

autres poils), améliore considérablement la perception des stimuli. Les mouvements dus à la courbure d'un poil tactile la font vibrer. Ces mouvements parviennent, très amplifiés, aux terminaisons nerveuses sensibles. Le résultat est des plus impressionnants. Il suffit que l'un de ces poils tactiles bouge de 5 nanomètres (soit le 200e de l'épaisseur d'un cheveu humain) pour qu'il fasse réagir ses voies nerveuses. Ils sont sensibles au plus léger des souffles.

Pour la nuit

Ces poils tactiles perçoivent des souffles infimes, émis par une proie, par exemple, ou par des obstacles minuscules. Il est donc évident que ces attributs fantastiques offrent une aide inestimable au chat pour s'orienter sur un terrain inconnu, franchir un passage étroit ou sauter sur sa victime.
Grâce à ces poils (et en particulier aux vibrisses qui dépassent largement des pommettes), nos chasseurs furtifs avancent dans une obscurité totale en évitant les obstacles, en toute sûreté et sans se cogner. Leurs poils tactiles perçoivent tout ce qui se trouve sur le chemin, sans aucun contact. Ils fonctionnent bien mieux que n'importe quel appareil de vision nocturne.

Courber, rabattre, étirer...

Les chats possèdent en moyenne 24 vibrisses (12 de chaque côté) au-dessus de la lèvre supérieure, réparties en quatre rangées superposées. Comme les autres poils, les vibrisses et les poils tactiles peuvent se redresser ou se plaquer contre le corps. Lorsque le chat inspecte quelque chose, il déploie ses vibrisses en éventail vers l'avant – sa « moustache » peut alors

quasiment envelopper l'objet de sa curiosité. Il peut même les rabattre d'un côté et les avancer de l'autre, pour mieux sonder le terrain. Surtout, d'une rangée à l'autre, les vibrisses sont capables de se plier dans des sens différents, ce qui améliore d'autant l'orientation. Seules les vibrisses sont mobiles à ce point, les autres poils tactiles ne se laissant pas orienter avec autant de précision. Si le chat nettoie ses vibrisses plusieurs fois par jour, c'est justement parce qu'elles lui rendent de si grands services.

Palper la proie Les moustaches ne bougent pas forcément dans le même sens.

Lire

Les signaux corporels

P. 56

Ce que racontent les vibrisses

Ces capteurs sensibles, capables de deviner un objet sans même le toucher, ne servent pas seulement à l'orientation. Leurs différentes positions indiquent aussi l'humeur de minet.

P. 58

Des oreilles mobiles

Le principal baromètre de l'humeur, ce sont les oreilles, qui non seulement préviennent du moindre danger, mais reflètent l'état d'esprit du matou. Leurs différentes positions sont autant de signaux précis.

P.60

P.66

Un regard qui en dit long

Les oreilles, les moustaches et les yeux ont chacun leur langue propre. Ajoutez-y la posture, autre mode d'expression, et le message devient tout à fait clair.

À la chasse

Un chat qui s'approche à pas de loup de sa cible, tous les sens en alerte, est comme électrisé. La pointe frémissante de la queue indique sa tension extrême. Le chat chasse seul d'habitude, mais les mères emmènent leurs petits pour leur donner des leçons.

P.72

CE LA QUEUE QUE DU CHAT RÉVÈLE SUR SON HUMEUR

007 **L'entrevue** Pour voir comment se déroule une rencontre entre chats.

Un chat de mauvais poil Les moustaches déployées vers l'avant sont un indice de tension.

Ce que racontent les vibrisses

La peur La position des vibrisses aide à comprendre ce que ressent le chat : s'il a peur, il les rabat vers l'arrière. Bien alignées et rabattues, elles forment une bande qui va jusqu'à la nuque. Les lèvres se réduisent à un trait. Ces mimiques visent à rapetisser le visage, censé paraître moins menaçant à l'adversaire.

Les joues gonflées

Surexcité, notre tigre d'appartement se montre sous un tout autre visage : il gonfle ses joues, pour paraître plus gros et prêt à se défendre. Les vibrisses déployées au maximum, vers l'avant, bien au-delà du nez (mais recourbées vers l'arrière), font le reste – ce n'est pas juste une mimique, il s'agit aussi de mieux percevoir le danger. Dans cette position, elles assurent au chat un champ de vision à presque 360°, qui le met à l'abri du danger.

Le chat relax

Les vibrisses d'un chat détendu se trouvent dans l'alignement de la bouche. Elles sont même alignées sur la lèvre supérieure – entre autres, parce qu'elles sont à peine déployées. Il arrive qu'un bout de langue dépasse de la bouche (quand ce n'est pas toute la langue qui pendouille), ce qui est très mignon et donne un air naïf. Si quelque chose éveille sa curiosité, le chat redresse ses vibrisses, qui se tournent en avant, vers cet objet. Les poils sont alors un peu plus écartés qu'au repos.

Un baromètre de l'attention

Le degré d'attention de l'animal se lit à la façon dont il déploie ses moustaches – dans la mesure où l'on dispose de données de comparaison. Il est intéressant, à cet égard, de se servir d'une caméra. L'œil humain, en effet, n'est pas assez sensible ou entraîné pour suivre ces changements rapides et infimes. Pourtant, il vaut la peine de prendre le temps d'observer discrètement les différentes mimiques exprimant l'humeur de votre animal. D'autant plus que vous découvrirez les mouvements imperceptibles des vibrisses, à gauche comme à droite. Quoi qu'il en soit, ne vous contentez pas de les étudier, mais tenez compte des autres outils linguistiques de votre protégé.

Le calme Les oreilles, les yeux et les vibrisses de part et d'autre de la bouche signalent que tout va bien.

La curiosité Le chat dirige toute son attention sur un objet, y compris ses yeux, ses oreilles, son nez et ses vibrisses.

Des oreilles mobiles

Des petits radars Les chats peuvent bouger leurs oreilles et les orienter indépendamment l'une de l'autre. Ils peuvent les faire basculer vers le haut et le bas, les tourner à presque 180° et ainsi en montrer l'arrière à l'adversaire. Lequel comprend la menace sur-le-champ. Cette agilité extraordinaire de l'oreille est due au nombre impressionnant de ses muscles (32, contre 6 chez l'humain). Elle sert au félin à la chasse comme dans la fuite, mais aussi à envoyer des messages très subtils.

Le langage des oreilles

Lorsque le chat est satisfait et détendu, ou se repose, ses oreilles sont dressées, mais non tendues. Elles penchent un peu vers l'arrière, les pavillons tournés soit vers l'avant, soit un peu sur les côtés. Dès qu'un objet suscite son attention, il tourne la tête et pointe les oreilles vers la cible. Les pavillons sont grands ouverts et légèrement tournés vers l'intérieur (l'humain concentré plisse le front), c'est-à-dire en direction du nez.

Les oreilles dressées Ce chat à l'affût avance, ses oreilles attentives tendues en avant.

Ai-je bien entendu ? Ce chat perplexe réfléchit et tend nettement une oreille en arrière.

Je m'en vais ! Le chat de droite est sur la défensive – il recule et commence à s'aplatir.

Colère ou concentration

Si les pavillons se tournent légèrement vers l'extérieur, de façon à faire voir un peu l'arrière des oreilles (l'observateur étant placé à l'avant), leur propriétaire est nerveux. Il se peut qu'il ait été dérangé, qu'il soit irrité, morose ou même en colère pour quelques instants. Cette position des oreilles est d'ailleurs fréquente chez les chats occupés à faire leurs griffes ou en train d'inspecter des marquages olfactifs. Ici aussi, la tension et la concentration entrent en ligne de compte, de même que l'information sociale reçue (par exemple par les phéromones) et qui déclenche des réactions physiques ou d'ordre comportemental. Cela dit, pendant leur toilette, les chats basculent légèrement les oreilles vers l'arrière.

L'indécision

Si un chat ne parvient pas à évaluer une situation tout de suite, s'il ne sait pas quelle décision prendre ou se sent très mal à l'aise, il redresse une oreille et couche l'autre.

Les oreilles couchées

Un chat apeuré couche les deux oreilles et les rabat un peu vers l'arrière, en général. Plus la frayeur est grosse, plus il les plaque contre la tête. Quand il panique, il les colle vraiment sur le crâne, comme pour les protéger d'un éventuel mauvais coup. Et il s'aplatit pour montrer sa soumission et apaiser l'adversaire.

Attention, chat féroce !

En revanche, quand les oreilles sont rabattues, le dos étant tourné vers l'avant et les pavillons sur les côtés, cette attitude n'a rien de défensif. C'est une réaction pleine d'agressivité.
Un chat qui tourne les oreilles de cette façon n'a pas peur de se défendre et a peut-être même envie de se battre. Il bande ses muscles.
Ce n'est pas le moment de l'importuner.

Bizarre Elle n'aime pas ça. La petite chatte rabat les oreilles et la moustache en arrière.

Des regards significatifs

Droit dans les yeux Chez les chats aussi, les yeux véhiculent toutes sortes de messages.
Si un humain, par exemple, regarde son chat longuement dans les yeux, sans cligner, l'animal se sent mal à l'aise. Il plisse les yeux, les ferme, regarde ailleurs ou se passe la langue sur les lèvres (ce sont des activités de déplacement et des signaux d'apaisement), afin de ne pas provoquer de conflit. Parfois, il va voir ailleurs, tout simplement, pour se dépêtrer de cette situation désagréable. Dans le langage des chats, en effet, se regarder droit dans les yeux, c'est chercher la bagarre.

Sentiments mitigés Ce chat est mécontent d'après ses oreilles et ses yeux, neutre d'après ses vibrisses et conciliant à en croire son bout de langue.

Les regards pleins d'amour

Un chat qui connaît bien les réactions de son humain lui réclame pourtant des regards prolongés, par exemple quand il miaule en silence. Il sait bien interpréter nos intentions amicales et nous comprenons aussi cet échange de regards (qui n'exclut pas que l'un des deux ouvre lentement les yeux) tout à fait dénué d'agressivité. Il se peut que nous entendions la demande formulée avec tant de délicatesse. Mais elle n'a rien de menaçant. Notre petit chat qui mendie si gentiment tient ses vibrisses de chaque côté de la bouche, signe qu'il est paisible et, tout en nous regardant, il dresse les oreilles, les pupilles dilatées par l'espoir.

On ne rigole plus ! Le faciès menaçant

Le « faciès menaçant » ne se limite pas à un regard fixe. Les oreilles sont couchées ostensiblement (vous en voyez bien le dos), les vibrisses raides sont tendues vers l'avant, les pupilles rétrécies, et il se pourrait que l'on entende un feulement de colère.

La dilatation des pupilles

La taille de la pupille, orifice percé dans l'iris, dépend de la luminosité. Chez le chat, c'est aussi un indicateur de son humeur. S'il a peur, s'il est surpris ou veut se défendre, ses pupilles se dilatent.
En cas de stress (comme pour le faciès menaçant) ou de violente douleur, elles rétrécissent. Chez un chat très en colère, il ne reste plus qu'une mince fente. Si en revanche il est d'humeur joyeuse et intéressé mais

Content ou non ? L'attitude de ce chat est ambiguë, on ne sait pas ce qu'il ressent.

tranquille, ses pupilles sont en général dilatées (ce qui dépend aussi de la lumière).

Pupilles et luminosité

Cela dit, ce n'est pas tant la taille des pupilles qui renseigne sur l'humeur du chat que le passage brutal de la dilatation au rétrécissement et vice versa.
L'interprétation n'est pas facile, la luminosité et l'état d'excitation ayant à peu près la même importance, dans un sens comme dans l'autre. Un chat content et tranquille, par exemple, n'ouvre ses pupilles (en ovale) qu'en fonction de la lumière disponible. Les chats n'ayant besoin que d'un sixième de la lumière qui nous est nécessaire, ils n'ont pas vraiment besoin de dilater leurs pupilles de jour.

Le sens des expressions faciales

❶ Parfaitement relax

Si ton chat est content, il tient ses oreilles droites, les ouvertures dirigées vers toi, les moustaches de chaque côté des joues et légèrement inclinées vers le menton. Il te regarde gentiment et la taille de ses pupilles dépend de la lumière.

❷ Attention, ça craint

Un chat de mauvaise humeur rabat les oreilles, a ses moustaches tendues en avant et les pupilles rétrécies. Il veut avoir la paix. Ne l'embête pas ! Il pourrait te griffer. Ce petit chaton a le poil hérissé et miaule avec colère. Et il n'en est qu'à ses débuts...

Viens jouer avec moi ! ❸

En revanche, un minou qui a envie de jouer dresse ses oreilles pour mieux prêter attention. Du coup, son front paraît bien plus haut. Ses pupilles se dilatent sous l'effet de l'excitation et de la joie. Les moustaches sont dirigées vers l'avant, pour chercher, sans être raides comme chez le chat en colère. Il va peut-être te demander de jouer avec lui, d'un « miaou » persuasif ou d'un petit coup de patte.

La grosse fatigue ❹

Si ton chat est fatigué et satisfait, il va se chercher un coin douillet, au chaud, détendre ses moustaches, rabattre ses membranes nictitantes (ses troisièmes paupières – tu n'en as pas) sur les yeux et fermer plus ou moins ses paupières. Laisse-le dormir tranquille ! Tu verras à son petit nez qui remue et à ses oreilles dressées qu'il reste à l'écoute, même pendant son sommeil.

La vie d'un chat de ferme

La journée ne fait que commencer Le chat de ferme procède à des étirements et à une toilette consciencieuse. Il prend son temps. Ensuite, il part à la chasse, ce qui demande de la patience et de la persévérance. Quoi qu'on en dise, les petits oiseaux en font rarement les frais, contrairement aux souris en tous genres. C'est en effet pour les attraper qu'on l'a engagé – entre autres. Distribuer des marques d'affection aux fermiers, aux chiens, aux lapins et aux chèvres est une autre de ses occupations. Ce chat est débordé.

Une pause pour déjeuner

Après le travail, il faut bien se reposer, sur un banc au soleil, dans la paille moelleuse, au milieu du linge sale dans l'étable ou sur les genoux du propriétaire, selon l'envie et l'humeur. L'air de la

La toilette Sa langue, couverte de minuscules pointes, lui sert de brosse.

L'heure de jouer Les chats jouent seuls, pour perfectionner leur dextérité.

Un peu de fitness Pas besoin de salle de sport…

… pour cet acrobate et sportif accompli.

campagne fait du bien. Mais il énerve aussi et il n'y a rien d'étonnant à ce que le chat soit toujours aux aguets.

La variété pimente la vie

Jouer est excellent pour la forme et la coordination, mais aussi pour exercer les sens, chez les petits comme chez les grands. Un chat de ferme se doit donc de faire sa gymnastique tous les jours – tout simplement parce que ça l'amuse. Il ne manque ni de place ni d'occasions. Les vieilles chattes elles-mêmes jouent inlassablement au football avec des pommes de pin. Leurs petits-enfants ne sont pas les seuls à être étonnés.

Enfin, il faut consacrer du temps aux autres chats. Dans une ferme, un chat vit rarement seul. Il aime bien certains de ses congénères, les autres un peu moins. Et c'est ainsi que, de temps à autre, si deux minous tombent l'un sur l'autre et que par hasard l'un d'eux est mal luné, ils se battent comme des chiffonniers. Ils feulent, ils crachent, mais ça ne dure pas longtemps. De toute façon, ils ont assez de place pour s'éviter un certain temps et trouver un coin tranquille. D'autre part, dans ce type de communauté, même le plus

sauvage des chats va chercher le contact physique avec ses congénères, pour des câlins ou une toilette mutuelle. On a besoin l'un de l'autre, donc on s'arrange. Vivre à plusieurs présente tout de même des avantages : ce qui échappe à l'un est vite repéré par un autre et, d'un coup, tout le monde est là pour profiter d'un bon morceau ou d'une distribution de câlins.

Et d'une ! Souvent, les bagarres ont l'air plus féroces qu'elles ne le sont. Il faut juste que le chat puisse se replier.

À l'affût
Les vertus de la patience

À l'affût sur un mur Le dos creux, les yeux rivés sur des brins d'herbe couchés, le chasseur aguerri traverse le terrain découvert en souplesse et avec la plus grande attention. Brusquement, il s'arrête et se fige, sans cesser d'observer sa cible. Comme au ralenti, il lève une patte avant et…

Paré pour l'attaque Ce chat a tous les sens en éveil.

Il tâte la proie et l'attrape

Lentement, très lentement, il la repose, pour que chaque coussinet tâte l'herbe. Les doigts bien écartés, il relève d'abord bien les pattes, puis les rabat sous son corps. Les pupilles dilatées, les oreilles dressées, les vibrisses tendues en avant : la tension du chasseur furtif est telle qu'on croirait l'entendre.

Brusquement, il se précipite, bondit, le dos rond et ses griffes acérées bien déployées, pour atterrir sur ses quatre pattes derrière sa cible. Il flaire les brins d'herbe avec passion, puis va voir plus loin. Il a raté son coup, mais ce n'est pas bien grave, la séance de fitness était réussie.

Le terrain de chasse

Les chats en quête de gibier parcourent leur territoire tous leurs sens en éveil. De temps à autre, ils s'arrêtent, pour observer les alentours, avec les yeux mais aussi le nez et les oreilles. S'ils découvrent un objet digne d'intérêt, ils le fixent du regard et s'approchent furtivement. C'est la battue.

Le guet

Dans un cadre qu'il connaît bien, le chat s'installe confortablement, devant un trou de souris, par exemple, et guette. Cette chasse à l'affût peut durer longtemps, souvent une demi-heure. Les chats font preuve à cet égard d'une patience infinie. Tapis devant le trou, ils attendent que la souris se manifeste avec une attention extrême. Leurs oreilles servent de sondes (elles réagissent avec une extrême précision aux sons aigus). Les yeux quêtent le moindre geste et le nez flaire inlassablement. Les vibrisses captent le moindre souffle. Ensuite, il ne reste plus qu'à sauter sur la proie et à la saisir entre ses griffes. Les vibrisses indiquent où porter le coup fatal, la vue relativement floue du petit félin ne lui permettant pas d'évaluer la profondeur sur une distance aussi courte.

Claquer des dents

Lorsqu'ils aperçoivent une proie hors de portée, les chats claquent souvent des dents. Ils ouvrent légèrement la bouche, retroussent les lèvres, ouvrent et ferment les mâchoires à toute vitesse. Claquer des dents est ce que l'on appelle une activité de déplacement, qui les aide à surmonter la frustration.

①

②

③

OO8 À la chasse Battue, affût ou jeu, découvrez les attitudes du chasseur.

UN CHASSEUR EN HERBE

1. **Attention !** Flairer et sonder.
2. **Prêt** Fixer et se concentrer.
3. **Taïaut !** Gros dos et saut fatal pour la souris.

Un jeu parfois violent

Un chasseur habile Le chat victorieux trotte avec sa proie dans la gueule pour l'emporter dans un coin tranquille et la déguster en paix. Parfois, il ne la dévore pas tout de suite. Il est assez fréquent qu'il la saisisse avec les griffes, la retienne d'une patte mais sans la tuer, pour la laisser s'échapper et la renverser aussitôt d'un coup de patte.

Parfois, il la jette en l'air des deux pattes. C'est un jeu, mais qui nous paraît cruel.

Jeux de vilains

On suppose que chez les jeunes chats, surtout, ce jeu sert à améliorer la coordination. Certains s'entraînent très sérieusement. D'autres semblent considérer la proie comme un jouet vivant, qui bouge, s'enfuit et piaille à merveille. L'appétit et l'envie de chasser se situant dans des parties différentes du cerveau, les deux n'ont pas de rapports directs. Autrement dit : les chats chassent aussi quand ils sont rassasiés. Ils abandonnent leur proie sur place ou la raniment, pour la laisser s'échapper. Un jouet immobile est ennuyeux et pas du tout amusant.

Allez, bouge ! La queue du vieux chat qui remue tente trop le jeune chaton.

Combat de boxe Le jeu sert à apprendre la vie en société et à se bagarrer.

Vite et en zigzag

Les chats adorent les mouvements rapides avec des changements brusques de direction, y compris quand ils jouent entre eux ou avec des humains. Quand ils voient la queue de leur mère agitée de spasmes, les tout-petits se précipitent dessus, sautillent comme ils peuvent et tentent de la mordiller. Pour jouer, ils se donnent même de petites tapes sur le visage, ce qui parfois dégénère vite en corps-à-corps.

Jeux interdits

Le jeu sert à tester des comportements utiles pour la chasse, la bagarre et la reproduction. Les chats étant très indépendants, leur instinct ne les porte pas à vivre en meute, selon une hiérarchie bien établie et sans jamais s'affronter. C'est pourquoi, assez fréquemment, des jeux commencés dans une ambiance amicale prennent un tour plus sérieux.

Pourtant, chez nos tigres de chambre, il existe des amitiés qui durent longtemps après la petite enfance. Ces animaux se comprennent merveilleusement, se font leur toilette mutuellement et dorment ensemble.
Entre eux, il n'est à peu près jamais question de ces jeux qui risquent de dégénérer.
Sans doute en connaissent-ils les conséquences.

Des jeux éducatifs

Courir derrière une ficelle ou sauter pour attraper une balle ou une gourmandise ne sont pas seulement des jeux mais entretiennent avant tout des réflexes utiles pour la chasse et la bagarre. Nos minous ne ratent pas une occasion de s'entraîner, ni d'améliorer leur équilibre, leur rapidité et leur mobilité.

Bagarres pour rire Boxe, poursuite, baffes, rugissements : quelle chance d'avoir des frères et sœurs !

Un chasseur novice Se cacher, guetter puis attaquer : rien de plus amusant pour un chaton.

Un gros atout : l'équilibre

Un jeu d'enfant Même un vieux chat escalade le plus haut des arbres en quelques secondes, court sur des branches qui se balancent, joue les funambules sur une palissade ou se promène au milieu de bibelots fragiles sans aucun problème. Avec son corps souple couvert de poils tactiles et ses pieds agiles, ces pattes de velours qui se transforment en un éclair en crampons, le chat triomphe sur tous les terrains. Qui plus est, doué d'un équilibre hors du commun, il s'autorise des acrobaties qui nous laissent pantois.

Un équilibre exceptionnel

L'organe vestibulaire, situé dans l'oreille interne, est responsable de cet équilibre exceptionnel. Associé à sa colonne vertébrale d'une souplesse incomparable, il lui permet, au cours d'une longue chute, de se retourner pour retomber sur ses pattes. Normalement, selon les lois de la pesanteur, c'est la partie la plus lourde du corps qui devrait frapper le sol en premier, c'est-à-dire la colonne vertébrale.

Un squelette souple Le chat se retourne en souplesse sur la remorque, en croisant les pattes.

Acrobatie Grâce à son système vestibulaire ultra-performant, le chat ne risque pas de tomber.

L'art de bien tomber

Savoir bien tomber n'est pas un réflexe inné. Il se développe au cours de la sixième semaine de vie. Auparavant, les chatons, dont la vue n'est pas au point, évaluent mal la profondeur. Leur queue encore très maladroite ne peut pas servir de contre-balancier. Et leurs griffes minuscules peinent à s'agripper.

L'équilibre chez le nouveau-né

Le sens de l'équilibre parfait des chats est bien plus précoce. À la naissance, les cellules sensorielles des chatons sont déjà en ébullition. Ces minuscules créatures ont en effet besoin de se repérer dans l'espace. Sinon, elles ne survivraient pas : comment pourraient-elles se mettre debout et déclencher la lactation ? Il est intéressant de noter que cette aptitude reste intacte jusqu'à un âge avancé.

Les seniors

Les performances de l'organe vestibulaire ne commencent à décroître que chez les très vieux chats. On les voit plus souvent trébucher ou hésiter à se lancer dans des exercices d'équilibrisme qui ne leur posaient aucun problème – sans doute aussi parce que d'autres organes de perception commencent à décliner et qu'ils souffrent de maux divers.

009 **Des grimpeurs adroits** Les chats sont des funambules, des grimpeurs et des sauteurs qui ne font presque jamais un faux pas.

LA PROMENADE DU MATOU

1. **Exercice** d'équilibrisme sur la barrière.
2. **Descente,** toutes griffes sorties.
3. **Retour** tout droit à la maison.

La queue du chat

Un appendice très parlant La queue sert de balancier et aide le chat à rester en équilibre, mais est aussi un excellent instrument de communication. Les chats comprennent très bien ce qu'elle raconte – et nous de même.

La bonne humeur

Un chat détendu, satisfait et attentif qui inspecte son territoire tient sa queue avec souplesse, souvent un peu penchée vers le bas, la pointe redressée. Si quelque chose l'intéresse, il redresse sa queue, toujours courbe. Si elle a la forme d'un point d'interrogation, c'est signe de bonne humeur : le chat est très content d'aller étudier ce qu'il vient de découvrir.

La perplexité

Si le chat n'arrive pas à évaluer sa découverte, sa queue est prise de spasmes rapides, d'avant en arrière. Il ne sait vraiment pas quoi penser. Ses impressions l'effraient peut-être, mais éveillent en même temps sa curiosité. Il ne remue pas la queue pour exprimer sa joie, ni forcément pour signaler qu'il est prêt à attaquer. C'est un conflit émotionnel. Que le chat soit debout, assis ou couché, sa queue s'agite, pendant parfois plusieurs minutes. Une fois qu'il est redevenu maître de la situation, les spasmes cessent.

La menace

Si les mouvements de la queue s'accélèrent, prennent l'allure de coups de fouet et ne se limitent plus à la pointe, nous avons affaire à un chat surexcité. Il est en colère, peut-être même un peu agressif. On ne saurait exclure qu'il passe à l'attaque.

La queue basse

Face à un conflit (méfiance, incertitude), la queue du chat se colle aux pattes postérieures,

Le drapeau blanc Même blanche et discrète, la pointe de la queue livre un signal clair.

Coup de fouet Ce chat qui jouait s'énerve tout à coup.

Méfiance ! Ce minet n'a pas encore décidé s'il a envie de se frotter contre son nouvel ami.

comme celle d'un mouton. Dans les cas graves, elle tombe à la verticale, puis forme un crochet. Le chat recourt à plusieurs attitudes moins menaçantes. Quand seule la pointe de la queue tremble et que le chat relève son postérieur, il est avisé de prendre ses distances. Le chat a peur, mais menace et se prépare à se défendre. Nul ne sait comment la situation va évoluer.

Le rince-bouteille

Un chat qui se sent gravement menacé ne modifie pas seulement la position de sa queue. Tous les poils de sa queue se hérissent. S'il veut passer à l'attaque, tous les poils le long de sa colonne vertébrale se redressent. Le même phénomène se produit sur la queue, qui prend des allures de rince-bouteille. Il fait tout ce qu'il peut pour se grossir et inspirer la crainte. En général, il feule, crache et puise dans son répertoire de mimiques terrifiantes.

La peur

Tous les poils d'un chat qui éprouve une grosse peur – et se trouve donc sur la défensive – sont hérissés, sans se limiter à la queue ni au dos. S'il tend sa queue comme un arc au-dessus de son corps, c'est qu'il va attaquer. Une queue basse exprime au contraire la crainte.

Un salut amical

Si le chat rencontre l'un de ses amis chats (ou son propriétaire), il dresse la queue un instant, pour donner à son vis-à-vis la possibilité de flairer sa région anale, en signe de bonne entente. Puis les deux chats se frottent l'un contre l'autre et caressent le voisin avec leur appendice caudal, sur le dos et la queue. Parfois, ils se frôlent les flancs ou les joues, ce qui sert aussi à échanger des odeurs. L'équivalent de ce salut, lorsqu'ils l'adressent à un humain, c'est frotter la tête et entourer la jambe de la queue.

Gros dos
et autres attitudes

Gros dos ou dos rond ? Qui n'a pas observé des petits chatons en train de jouer qui se mettent à faire le gros dos et à sauter sur le côté (les poils ébouriffés) ? Leur attitude oscille entre la témérité et la crainte. Et c'est bien là la raison du gros dos. On veut se défendre ou attaquer, mais on n'est pas trop sûr de soi. Un chat qui s'estime menacé se dresse sur ses pattes tendues, les poils de la queue et du dos se hérissent (posture dominante ou position d'attaque), et en même temps il recule légèrement avec les pattes avant et soulève son dos en accent circonflexe (posture exprimant la crainte).

Le dos rond de nos minous, quand ils se frottent à nos jambes et demandent une caresse, n'est bien sûr pas un « gros dos ». C'est au contraire une attitude pleine d'amabilité. Les poils ne sont pas hérissés le moins du monde et l'on n'observe aucune tension dans les muscles de l'arrière-train.

Le chat dominant

Les chats désireux d'effrayer un adversaire se font aussi gros que possible : ils étirent leurs membres, soulèvent leur corps le plus possible et ébouriffent leurs poils dans l'espoir que l'attaquant, ne se sentant pas de taille, ira voir ailleurs. Comme leurs pattes postérieures sont plus longues que les membres antérieurs, leur arrière-train se retrouve nettement plus haut que leur cou. En général, des pattes tendues et une démarche en droite ligne, la tête relevée, sont des signes d'assurance et de domination, voire d'humeur belliqueuse.

Salut ! Avec sa queue et son dos rond, ce chaton dit bonjour.

Chez les chats agressifs, les poils se hérissent le long de la colonne vertébrale et la queue, également ébouriffée, dessine un arc, ce qui les rend encore plus imposants. Ils exhibent tout leur arsenal.

Le chat soumis

À l'inverse, les chats peu sûrs d'eux ou soumis se font les plus petits possible, pour éviter de se faire attaquer. On sent qu'ils ont envie d'être invisibles.

En se retirant, avec une extrême lenteur, ils s'aplatissent et s'étirent, au point que leur ventre traîne presque par terre. Ils abandonnent le terrain en rampant, toujours au ralenti.
Un chat qui se sauve baisse la tête visiblement et évite les yeux de l'adversaire. Pour ne pas énerver son ennemi et éviter l'escalade de la violence, il prend le large la tête basse.
Le chat dominant et bien socialisé comprend ces mimiques défensives et abandonne les poursuites.

Faisons la paix Le chat au premier plan, qui en a assez, s'aplatit, fuit les yeux du vainqueur et couche ses oreilles.

INDEX